长嘴壶茶艺

传承与创新

廖大松　周晓红　主编

化学工业出版社
·北京·

《长嘴壶茶艺——传承与创新》主要从五个方面展开介绍，分别为长嘴壶茶艺溯源、长嘴壶茶艺的基本训练、36 式长嘴壶茶艺、长嘴壶茶艺健身七部曲、长嘴壶茶艺的传承与创新。此五章环环紧扣，循序渐进，既讲原理更重实操，读者容易读懂，易于操作。

本书适合热爱长嘴壶茶艺人士阅读，也可作为社区推广长嘴壶茶艺的宣传读本和培训教材，还可作为专家学者研究长嘴壶茶艺的参考资料，并可作为大中专院校师生的教学用书。

图书在版编目（CIP）数据

长嘴壶茶艺：传承与创新 / 廖大松，周晓红主编 .
北京：化学工业出版社，2018.7
ISBN 978-7-122-32276-0

Ⅰ．①长… Ⅱ．①廖… ②周… Ⅲ．①茶艺－中国
Ⅳ．① TS971.21

中国版本图书馆 CIP 数据核字（2018）第 110342 号

责任编辑：章梦婕　姚　烨　李植峰　　美术编辑：王晓宇
责任校对：宋　夏　　装帧设计：芊晨文化

出版发行：化学工业出版社（北京市东城区青年湖南街 13 号 邮政编码 100011）
印　　装：北京瑞禾彩色印刷有限公司
710 mm×1000 mm　1/16　印张 $8^3/_4$　字数 190 千字　2018 年 9 月北京第 1 版第 1 次印刷

购书咨询：010-64518888（传真：010-64519686）　售后服务：010-64518899
网　　址：http://www.cip.com.cn
凡购买本书，如有缺损质量问题，本社销售中心负责调换。

定　　价：48.00 元

《长嘴壶茶艺——传承与创新》编写人员

主　编　廖大松　周晓红

副主编　任　敏　廖小松

编　者（按照姓名汉语拼音排列）

陈　霞　郭小丹　黄　英　李　倩　李　霓　李一民

廖大松　廖小松　罗应莉　任　敏　许金伟　虞培力

周晓红

摄　影　朱润宏　杜志强　陈　霞

素　描　李明成

序

今天，要向读者介绍的是客居四川成都新都石板滩的廖大松。他在我国茶文化领域里长期耕耘、艰苦奋斗，从四川茶馆的“堂倌”做起，钻研独具四川特色的“盖碗茶”冲泡技艺及后来的长嘴壶茶艺表演，其后与孪生兄弟廖小松共同创立“二松堂”茶艺馆，共同进行茶艺表演。

直到今天，茶师廖大松终于同意将自己多年来从事茶馆服务，以及长嘴壶茶艺表演的技艺心得，用文字和图片展示出来，撰写成了《长嘴壶茶艺——传承与创新》一书，委托全国茶艺与茶叶营销专业指导委员会推荐出版。

众所周知，中国是茶的故乡，是茶文化的发祥地，茶叶深深融入我们的生活，成为传承中华文化的重要载体。在我国，茶不仅是一种饮品，更是崇尚道法自然、天人合一、内省外修的东方智慧。一杯茶，既洋溢着阳春白雪的情调，又饱含下里巴人的质朴。

四川古称天府之国，都江堰灌溉成都平原，水旱从人，不知饥馑，市镇罗列，舟梢便利，船运商贸发达，市面繁荣，形成独特的休闲文化。茶馆遍及城乡大街小巷。

长嘴壶茶艺起源于川东地区，主要在现在的重庆地区（重庆 1997 年 6 月 18 日成立直辖市，原属四川省管辖）。由于重庆地势两江相汇、以山为主，出现很多码头和吊脚楼。客人在茶馆喝茶时，因考虑地势又怕打扰客人私密交谈，茶倌仿浇花长嘴水壶样将茶壶壶嘴加长，而产生了长嘴茶壶。

长嘴茶壶的问世与短嘴茶壶相得益彰，由于其方便、灵活、新颖、独特，在四川地区受到广泛欢迎并迅速在川东、川西的茶馆中得到运用和推广，逐步由四川走向全国各地。

长嘴壶及长嘴壶茶艺自20世纪90年代中期出现了不同的形式：有嘴长一尺的“长铜壶”、嘴长二尺的“元宝壶”、嘴长 85 厘米的“平把壶”，至后来出现嘴长三尺、周围有龙头的“龙头长嘴壶”。

长嘴壶除掺茶、掺水外，现大多进行茶艺表演，形式也更多样。有四川盖碗茶（女子单人茶艺）、龙行十八式（男子单人茶艺）、凤舞九天（女子双人十八式）、茶艺双骄（男子双人茶艺）、青城论道（男女双人茶艺）、芙蓉花开锦官城（女子多人茶艺）、茶禅一味等各种形式，这些不同形式的茶艺表演带来了非常好的社会反响。

此书主要根据茶师廖大松先生多年的实践探索和创新研究成果整理而成。大松师傅与其孪生兄弟廖小松，在茶江湖里人称“大松、小松”，自 20 世纪 90 年代至今，一把长嘴壶绝技走天下。在 2001 年杭州全国茶道邀请大赛上一举夺得大赛长流组冠军；在 2004 年雅安第八届国际茶文化研讨会暨首届蒙顶山国际茶文化旅游节、上海国际茶文化节上获邀表演，茶艺技惊四座；在具有巴蜀茶文化特色的四川“顺兴老茶馆”驻场表演长嘴壶茶艺达到 6000 场次；曾作为川茶形象大使赴欧洲进行中国城市文化的宣传和推广。他们在弘扬中华优秀传统文化、实现中华民族伟大复兴中国梦的实践中努力拼搏，尽了绵薄的力量，值得人们为其点赞。

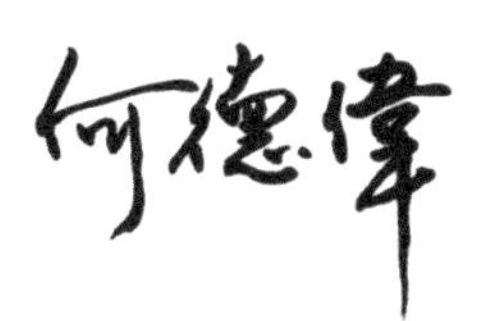

中国国际茶文化研究会茶馆专业委员会副主任

成都市民间文艺家协会副主席

四川顺兴老茶馆前总经理

二〇一七年八月二十二日夜 于四川成都·大邑

前言

中国是茶的故乡，四川茶区具有得天独厚的自然条件、悠久的产茶历史、精湛的制茶技术、深厚的茶文化底蕴，以及茶师们高超的掺茶绝技。长嘴壶茶艺在这片土地上应运而生，具有掺茶倒水的实用性和赏心悦目的表演观赏性。

长嘴壶茶艺近年来发展迅猛，已经成为四川茶文化的一著名标签，继而成为国家出访、代表中华文化的一张名片。目前在国内，热衷于学习和传承长嘴壶茶艺的爱茶人士也越来越多。

本书主要从五个方面展开介绍，分别为长嘴壶茶艺溯源、长嘴壶茶艺的基本训练、36 式长嘴壶茶艺、长嘴壶茶艺健身七部曲、长嘴壶茶艺的传承与创新。其中，36 式长嘴壶茶艺是本书的重点，读者可视自身条件学习和领会。全书环环紧扣、循序渐进，既讲原理更重实操，容易读懂、易于操作。

本书根据学习者的基础和学习目的，将 36 式长嘴壶茶艺分成三个晋级，即启蒙 12 式、固基 18 式及造诣 36 式，便于学习者循序掌握。同时配有茶师大松的亲自示范、分步讲解，以二维码形式呈现，方便读者领会要点和注意事项，便于课后独立练习。

本书适合热爱长嘴壶的茶艺人士阅读，也可作为大中专院校学生的学习用书和推广长嘴壶茶艺的宣传、培训读本，还可作为专家学者研究长嘴壶茶艺的参考资料。

由于时间紧促及编者的学识水平有限，书中难免会有不足之处，欢迎广大读者给予指正，提出宝贵意见。

编者

2018 年 5 月

目录

第一章

长嘴壶茶艺溯源

第一节
长嘴壶的演变与特点

中华民族有着五千年的历史文化。在漫长的历史长河中，形成了多民族、多文化汇聚的大中华文明。地大物博的中华大地上孕育出了无数独具地方特色的灿烂文化，一方一俗，构成了博大精深的中华文明。中国茶文化是中华传统文化中重要的一隅。长嘴壶茶艺起源于被称为中国茶文化发源地的巴蜀地区，通过近 20 年的发展，目前已经在全国范围内兴盛起来。

长嘴壶泡茶有很多好处。例如，绿茶在冲泡的时候讲究水温不宜过高，铜是所有金属里面传热最快的，所以把开水倒进铜壶里，再由长壶嘴里出来，温度自然就降低了；此外，因为壶嘴比较细，形成的水柱冲出来有力度，能使茶叶在碗里自由地翻滚，因此用长嘴铜壶冲泡出来的绿茶，其香气更好、滋味更醇。

一、长嘴壶的演变

四川是茶树原产地之一，也是我国主要产茶省份之一。四川茶区具有得天独厚的自然条件、悠久的产茶历史、精湛的制茶技术、深厚的茶文化底蕴及高超的掺茶绝技。

四川茶艺的主要表现形式有独具特色的盖碗茶艺和长嘴壶茶艺。

四川盖碗茶艺不同于一般意义上的盖碗茶艺，它起源于川西，主要分布在成都平原。在老成都以及周边场镇茶馆林立，或见于公园、河边，或见于街口大坝、院落平坝。川西盖碗茶艺的主要表现形式为茶艺师一手提短嘴铜壶，另一手可一次性拿七八套盖碗。待客人一入座，拿盖碗之手顺势一脱甩，将盖碗不偏不倚地摆在茶客的面前，随即提壶掺水。此种茶艺绝技在前些年的成都茶社还常可见，如今已面临失传。

长嘴壶茶艺起源于川东，主要在现今的重庆地区（重庆于 1997 年 6 月 18 日成立直辖市，原属于四川省）。重庆地处两江相汇，以山为主，有很多熙熙攘攘的码头茶铺和吊脚楼茶馆。长嘴壶就是在这种环境中孕育而生的。

相传在民国初期，川东一家茶馆由于经营有方，时常座无虚席。茶倌在给客人掺茶续水时实感不便，又恐打扰到客人之间的私密交谈，他绞尽脑汁想要改变掺茶续水的方式。一天清晨，茶倌起床后，无意间发现隔壁邻居老人在用一个长嘴的壶给自家的花草浇水。他灵机一动，决定效仿长嘴水壶浇花的方式掺茶。于是，他找到工匠师傅把之前使用的茶壶壶嘴加长到一尺，从而解决了以往工作中掺茶续水的麻烦。他独特的改造发明成了该茶馆的一大亮点，茶馆生意因此更是爆棚满座。

在出现如此式样的茶壶后，很多茶馆争相效仿，他们根据桌子、场地的大小，相继做出了不同长度的铜壶，但当时最长的壶也只有二尺。改良后的铜壶比一般铜壶长，且壶形体态浑圆，犹如元宝。一般情况下，将一尺铜壶称为“长铜壶”，二尺铜壶称为“元宝壶”。

20 世纪 90 年代中期，又出现了造型如井栏的铜壶，行业内称为“平把壶”，长度大约 85 厘米；90 年代末期，出现了龙把铜壶，简称“龙头长嘴壶”，长度为三尺。目前，市面上盛行的基本上是三尺的“平把壶”。

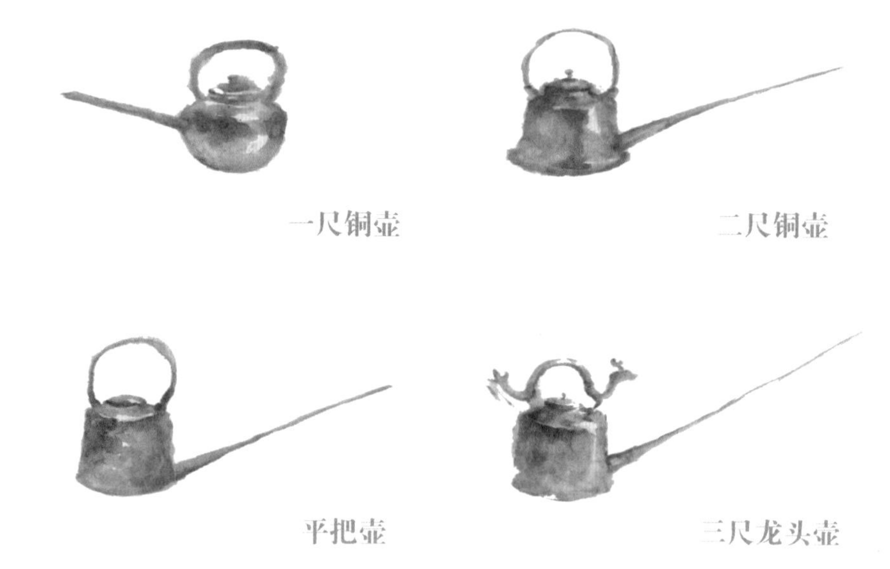

一尺铜壶　二尺铜壶

平把壶　三尺龙头壶

二、长嘴壶的特点

1. 铜的分类

紫铜，系指纯铜，主要有无氧铜、磷脱氧铜、银铜；黄铜，系指以铜与锌为基础的合金，又可细分为简单黄铜和复杂黄铜，其中复杂黄铜又以第三组分命名为镍黄铜、硅黄铜等；青铜，系指除铜镍、铜锌合金以外的铜基合金，主要品种有锡青铜、铝青铜、特殊青铜（又称高铜合金）；白铜，系指铜镍系合金。

2. 长嘴铜壶的类别与材质

机器加工壶：黄铜材质，厚度 0.3 毫米，密封好，焊接点少，能放稳，壶体偏重。

手工制造壶：黄铜皮材质，厚度 0.15 毫米，壶体偏轻，不易放稳，不精致，易变形。

3. 长嘴壶的组成结构

壶身

壶杆

壶套筒

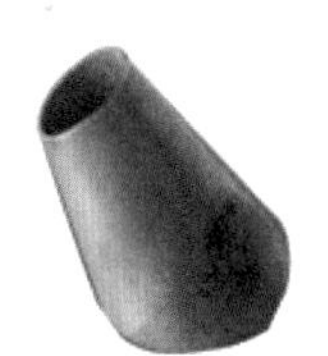

壶把

壶铆

壶盖

壶底

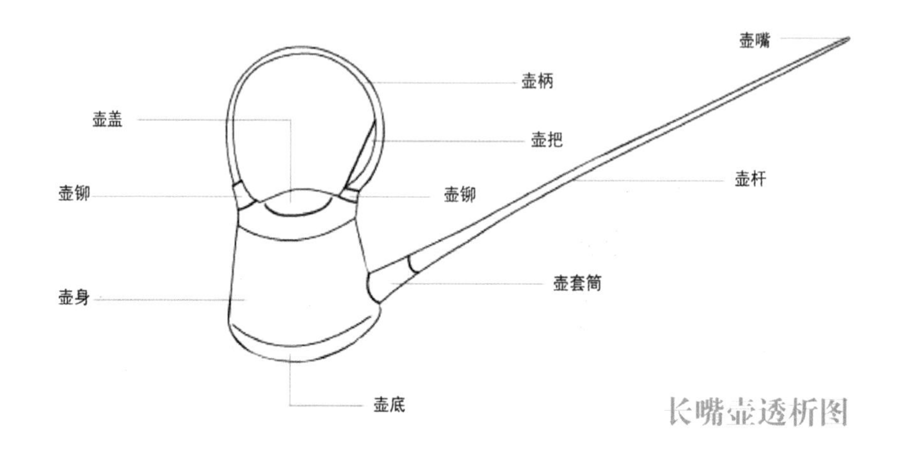

长嘴壶透析图

第二节 长嘴壶茶艺的由来与发展

任何艺术形式均来源于生活，长嘴壶茶艺亦如此。长嘴铜壶的出现原本是为了更方便地给客人掺茶续水。在解决了这个实用性问题之后，有人开始用创新思维来结合长嘴铜壶的使用。

在20世纪90年代，全国各地高档餐饮开始流行喝盖碗八宝茶（三炮台），长嘴壶掺茶就成为了当时酒店吸引顾客的亮点。在当的时餐厅里，八宝茶茶水大部分都由四川人包揽，由他们给客人掺茶续水。这些人员被酒店和客人称为“茶师”。四川是长嘴铜壶的发源地，茶师里又不免有习武之人，故在实际运用中出现了长嘴壶结合武术动作招式的掺茶技巧。到90年代中期，长嘴壶使用方法中正式出现了结合武术动作的、集实用性和表演性为一体的招式，如苏秦背剑、猛虎下山、童子拜观音、怀中抱月等。虽然当时只有几个动作的创新结合，但对长嘴壶的发展是一个质的提升和转变，在长嘴壶茶艺的形成与发展过程中，具有十分重要的意义。

20 世纪 90 年代末，当时的茶师廖大松将四川长嘴铜壶由以前的几个动作加以研究变化，演变出了 40 多个动作招式，其动作名称有：开门见山、武松打虎、水落千尺、蜻蜓点水、仙人指路、借花献佛、金鸡独立、怀中抱月、童子拜佛、顺水推舟、金龙翻身、犀牛望月、肩担道义、回头一笑、童子贺寿、蟠龙出洞、苏秦背剑、百步穿杨、雪山飞狐、单臂出招、灵蛇出洞、泰山压顶、卧虎藏龙、飞龙在天、海底捞月、贵妃醉酒、胡璇琵琶、左右开弓、大展宏图、腰缠万贯、猛龙过江、一见钟情、孔雀开屏、负荆请罪、一帆风顺、高山流水等。2001 年《今日重庆》杂志第 5 期，刊登了其中 36 个动作的图片。

2001 年 6 月，廖大松和他的双胞胎弟弟廖小松在成都沙湾会展中心举办的第六届茶叶博览会上第一次亮相表演。这次不经意的表演，点亮了四川长嘴铜壶茶艺的光芒。同年 9 月，这对孪生兄弟接到来自杭州的邀请，应邀参加了“全国茶道邀请赛”，一举夺得大赛长流组冠军。回到成都后，《天府早报》以约 30 平方厘米的版面报道了这对孪生兄弟长嘴壶茶艺获得冠军的消息，就是这不起眼的报道，吸引了来自全国各地及国外媒体的争相报道，四川长嘴壶茶艺表演从此走进了媒体和荧屏，也走进了大众的视野。

2001 年 10 月，大小松受邀参加成都“2001 年国际金熊猫电视颁奖晚会”，这是长嘴壶茶艺登上正式大型舞台的标志。12 月，四川省茶文化协会在成都举办了第一届“竹叶青杯茶艺大奖赛”。大小松受邀并摘取了长嘴铜壶茶艺组冠军。这次大赛的成功举办也给长嘴壶茶艺的表演形式发展带来了更大的变化，由从前的个人表演逐步发展到后来多人组合的长嘴壶茶艺表演。

长嘴壶茶艺受到了大众的关注，在四川省内迅速传播和发展起来。从2003年开始，四川省先后出现了芙蓉门、蒙山派、峨眉派、青城派、龙门派等长嘴壶茶艺流派。2004年，在四川省雅安市举办的第八届国际茶文化研讨会暨首届蒙顶山国际茶文化旅游节上，108名长嘴壶茶艺表演者同台献艺，成为长嘴壶茶艺表演史上空前的一次超大型演出，让来自世界各地的茶人和国际友人无不震撼。从此，长嘴壶茶艺在全国乃至全世界声名鹊起，各地纷纷邀请四川长嘴壶茶艺师到当地演出。

2004年，四川省成都市举办“成都推介会”欧洲行。独具四川特色的变脸、手影、蜀绣、长嘴壶茶艺作为成都的文化符号赵国外展示推广。大小松受邀作为长嘴壶茶艺表演者将四川特有的文化艺术形式——长嘴壶茶艺表演带出国门，走向了世界。随后，很多电视台的节目组相继邀请长嘴壶茶艺师到电视台录制节目，长嘴壶茶艺的表演艺术感染力迅速在全国蔓延开来。全国各地的四川餐饮场所也出现了长嘴壶茶艺的表演。目前，成都知名旅游景点都有代表地方文化的绝活表演——长嘴壶茶艺。

在2010年的上海世界博览会（简称世博会）上，四川长嘴壶茶艺作为世博会组委会固定演出的驻场表演节目之一，每天为国内外的参观者进行演出，向国际友人呈现了长嘴壶茶艺表演的风采。2015年，长嘴壶茶艺也作为中国传统民族特色节目在克里姆林宫为中俄交流进行友好演出。在党和国家的号召下，传承中华优秀传统文化成为教学内容。目前，四川的大部分高中职院校都开设了长嘴壶茶艺的社团或相关专业。

长嘴铜壶的使用从实用的掺茶转化成了大家喜闻乐见的艺术表演形式。现今，长嘴壶茶艺已经发展成为中国茶艺中不可或缺的一部分，是独具特色的四川文化表现形式。

当前，长嘴壶茶艺在全国遍地开花。专业长嘴壶茶艺师大部分依靠文化演出公司从事演出，基本是师徒制教授。除了专业长嘴壶茶艺师以外，现在有很多人将长嘴壶茶艺作为辅助技能，如川剧变脸演员、普通茶艺师、戏曲爱好者、茶叶行业其他从业人员等会融合长嘴壶茶艺。尤其是在四川省，长嘴壶茶艺更是随处可见。

近十年来，全国高中职院校积极开展茶文化教育。社会上、行业中，各种茶事活动竞相争艳。2016 年，全国高职茶艺与茶叶营销专业开始招生，很多院校成立了长嘴壶茶艺社团，开设长嘴壶茶艺专业课程。这为在青少年中普及和宣传长嘴壶起到了积极的推动作用。随着经济的不断发展，文化产业将会插上腾飞的翅膀，长嘴壶茶艺势必会依靠其内外兼修又具有艺术观赏的特性乘风而起，迎来大力发展的春天。

第三节
长嘴壶茶艺的器具配备

一、基本配置

1. 长嘴壶

长嘴壶类别	壶杆长度 / 厘米	适用身高范围 / 米	备注
少儿长嘴壶	60	1.20 ～ 1.40	少儿须在成人监护下使用长嘴壶
中庸长嘴壶	85	1.41 ～ 1.65	
三尺长嘴壶	100	1.66 ～ 1.80	

2. 桌子

高度 / 厘米	适用身高范围 / 米	备注
50	1.20 ～ 1.40	可以根据实际情况使用相应高度的物体替代
65	1.41 ～ 1.65	
80	1.66 ～ 1.80	

3. 盖碗与玻璃杯

名称	材质	容量 / 毫升	备注
盖碗	陶瓷	150 ～ 200	可以根据实际情况选择类似器皿代替使用
玻璃杯	玻璃	150 ～ 200	

二、艺术表演配置

基础配置（必备）：长嘴壶、盖碗或玻璃杯、桌子。

表演效果升级配置：根据表演的内容和主题，可配以桌布、桌旗、花器饰品、配套的服装、相应的音乐、场景布置等，如此可增添表演的观赏性和茶艺的艺术表现力。

第二章

长嘴壶茶艺的基本训练

第一节
训练基础

一、站姿训练

训练要领：受训者脚呈小八字步，双手手掌伸直，掌心向外，两手重叠放在背后腰椎处，两眼正视前方，保持纹丝不动5分钟以上。

二、腕力训练

1. 双脚呈站立姿势，双手展开齐肩平衡，手掌弯曲向内，顺时针转动手腕2分钟后，再逆时针转动手腕2分钟。

2. 保持站立姿势，双手十指交叉，于胸前约 10 厘米处，顺时针转动手腕 2 分钟后，再逆时针转动手腕 2 分钟。

三、臂力训练

1. 双脚呈站立姿势。双手展开，提 2.5～5 千克哑铃或砖块齐肩平衡举起，然后垂直落下，放于大腿外侧，反复 10 次。最后再保持齐肩平衡举起 2 分钟（如“腕力训练”第 1 个动作）。

备注：练习时宜循序渐进，学员可根据自身情况量力而行。

2. 标准俯卧撑姿势，要求身体从肩膀到脚踝呈一条直线，双臂放于胸前，两手相距略宽于肩膀。做俯卧撑时，应该用 2 ～ 3 秒来充分下降身体，达到胸部距离地面 2 ～ 3 厘米后马上用力撑起，回到起始位置。完成动作 50 个，宜在 5 分钟之内做完。

四、弓箭步训练

弓箭步要求：前脚弓、后脚绷。两脚位置呈一条直线，以前、后、左、右转换压腿 20 次。

弓腿的足尖向正旁，直腿的足尖向正前。弓腿要求小腿和地面垂直，大小腿呈稍大于 90° 的钝角，重心在两腿中间，上身直立，方向对正前，双肩和腿在同一平面上，头看向正前方。

五、马步训练

双脚分开略宽于肩，半蹲姿态。双脚分开与肩同宽或略宽于肩，腿部呈半蹲状态，大腿和小腿约呈 110°，并不垂直。双脚内扣，上身挺直，拳收于腰间，双眼平视，保持 10 分钟以上。

六、下腰训练

1. 两人一组，先做仰卧起坐训练，50 个。

仰卧起坐要领：仰卧，两腿并拢，两手上举，利用腹肌收缩，两臂向前摆动，迅速起成坐姿，上体继续前屈，两手触脚面，低头；然后还原成坐姿。如此连续进行。

练仰卧起坐，速度要因人而异。最初可以尝试 1 分钟做 5 次，此后慢慢增加，直至达到 50 次左右。

2. 两人一组，辅助另外一个人头往后仰，逐步下腰，重复 20 次。

下腰动作要领：两腿分开站立与肩同宽，两臂向上举起，挺髋、上体后仰，直至头朝下、两手掌撑地，整个身体呈拱桥状。要求四肢尽量伸直，手脚的距离尽可能地靠近。

备注：下腰训练存在一定难度，练习时请结合自身情况量力而行。

七、单腿独立训练

单腿站立，提左脚，左脚大腿与地面平行，绷脚尖向下垂直。保持平衡至少 3 分钟以上，双腿轮换。在平衡后，逐步在提起的腿上放有一定重量的物品，双腿轮换。

开始练习时，只需将两眼微闭。闭上眼睛要保持平衡，就必须专注于脚底，摒弃散乱虚躁。在腿上加物品时，可以逐步添加、量力而行（选择书籍较为方便）。

第二节
基本要领

一、长嘴壶茶艺三要素

1. 起式持壶

脚呈小八字步，右手紧握壶柄，壶嘴朝上（防止戳伤他人）。

2. 续水时持壶

双脚站稳，手持壶抬起，要求动作固定，手臂、手腕及身体不晃动，将壶拿稳。

3. 收水后持壶

收水后，脚呈小八字站立，壶嘴朝上（防止戳伤他人），恢复起式站姿。

二、长嘴壶茶艺三步要领

1. 出水要领

双眼注视目标杯子，身体与杯子保持1.2～1.3米的距离，然后持壶手手腕内侧下压，出水。练习将水准确无误地倒进目标杯子里。

2. 续水要领

如果壶里水重达1.5千克或更重时，持壶者宜与杯子距离1.3～1.5米，同时持壶手可向前，离目标杯子近些。

如果壶里水重在1.5千克以下时，持壶者宜与杯子距离1～1.2米，同时持壶手可向后离目标杯子远些。

备注：实际操作时，可依现场环境自我调节。应稳健有力持壶，准确无误地把水倒进目标杯子里，不要洒在杯子外面。

3. 收水要领

看到掺水达到茶碗六分满时，持壶手手腕缓缓向上，让水流呈抛物线状；掺水达到茶碗七分满时，手腕不动，手臂向前往上提，完成提壶收水。

三、单手掺茶练习三要点（准、稳、狠）

1.“准”的练习要点与经验

（1）宜结合身高来调节离目标茶碗的距离。

身高在 1.7 ～ 1.8 米的人，离目标茶碗的距离宜控制在 1.3 ～ 1.5 米。

身高在 1.55 ～ 1.7 米的人，离目标茶碗的距离宜控制在 1.1 ～ 1.3 米。

（2）保持专注，结合具体环境灵活调整动作。

身高在 1.7 ～ 1.8 米的人，若实际操作时距离目标茶碗 1.1 ～ 1.3 米、壶里水重 2 千克以上时，持壶手手臂可向后移动，手腕向下压出水。

身高在 1.55 ～ 1.7 米的人，若实际操作时距离目标茶碗 1.3 ～ 1.5 米、壶里水重 2 千克以上时，持壶手手臂可向前移动，手腕向下压出水。

（3）若没有一次性把水准确无误地倒入，建议立刻停止，调整再继续。

（4）当较为熟练时，可从不同的角度和不同的距离来试着练习。

这样在以后的工作或表演时，如遇到特殊环境，也可以顺利掺好每一杯茶。

2.“稳”的练习要点与经验

“准”是长嘴壶茶艺师必须掌握的根本。在完成“准”练习的基础上，应根据茶碗大小，保持手臂有力持壶，重复练习将茶碗掺满。

为提升稳定性，可练习双手拎哑铃（2.5 ～ 5 千克）或同重物体，当可平举达 2 分钟以上时，即达到目标要求。

在熟练掌握后，可以练习围绕茶碗走动，把茶碗掺满，以应变日后工作或表演时可能遇到的突发情况。

3.“狠”的练习要点与经验

收水时手腕做上下移动，调节使水流压力减缓、水线呈抛物线，如此向上提壶时就可以做到“滴水不漏”，达到“狠”练习的目标要求。

同时，在操作结束后告知此动作流程完毕。

第三节
基本礼仪

中国是礼仪之邦。礼仪整体表现于《礼记》君子九容：足容重，手容恭，目容端，口容止，声容静，头容直，气容肃，立容德，色容端。

长嘴壶茶艺师礼仪贯穿于长嘴壶练习和表演的整个过程中。在长嘴壶茶艺中，礼仪不仅仅是表达对宾客的礼貌之情，更重要的是有礼有节方能彰显长嘴壶茶艺师的整体形象和气质气魄。

长嘴壶茶艺礼仪要求茶艺师动作规范，男士精神饱满，刚劲有力，自信谦恭；女士款款而行，落落大方，柔美舒展。

一、男士礼仪

（1）上台礼　起式动作。双眼平视前方，行抱拳礼，表达对观众的致谢；动作要求干净利落，刚劲有力。

（2）表演礼　目光平视，表情自然，表演期间眼神适当地与观众做交流。

（3）掺茶礼　左手四指合并，身体微微前倾，行伸掌礼，对观众做请示动作，善意提醒“我要为您服务了”。

（4）结束礼　起式动作，鞠躬45°，表示对观众的敬意。

二、女士礼仪

（1）上台礼　起式动作。出右脚向前移至左脚左侧，呈交叉步。右手持壶从前方移至左侧，与左手相扣，双腿膝盖和双手同时微微下压，礼成。收回右手、右脚。

（2）表演礼　目光平视，面带微笑，表演期间眼神适当地与观众做交流。

（3）掺茶礼　面带微笑，身体微微前倾，左手行伸掌礼，对观众做请示动作，善意提醒“我要为您服务了”。

（4）结束礼　同上台礼。

第四节
花式掺茶要点

1. 形体的规范性

形体是长嘴壶茶艺表演的肢体语言。规范、洒脱、自然的形体可以给人赏心悦目的感觉。练习须参照各具体动作、招式的要领，严格执行、认真练习。

2. 茶碗与身体的距离调节

茶碗与身体的距离依操作环境而调节，一般情况如下。

如掺茶者身高在1.5～1.7米，在距离目标杯子1.3～1.5米、壶里水重2千克以上时，壶嘴应距离杯子0.2～0.4米。

如掺茶者身高在1.7～1.8米，在距离目标杯子1.1～1.3米、壶里水重2千克以上时，壶嘴应距离杯子0.4～0.5米。

3. 找好支撑点，提升对茶碗的准确把握

找好支撑点有利于提升对茶碗的准确把握。支撑点可以是身体的头部、腿部、肘部、手部、背部、肩部、胸部等，一般依据花式动作的具体要求而定。

4. 结合收水要领，并根据动作弧度调整

具体可参见前文“收水要领”。部分花式动作，水流不呈抛物线状也可收住水，宜结合动作略微调整。

5. 灵活掌握持壶方式的变换

除了正常的握住壶把内侧以外，也有握住壶把外侧、壶把顶部的持壶方式。如果是龙头壶，还可以握住壶把尾部，宜根据不同动作灵活掌握方式变换。

第三章

36式长嘴壶茶艺

第一节
诠释36式

武松打虎

二郎上景阳，威名传千古。

一、武松打虎

【操作步骤】

1. 左手拿杯，出右脚呈弓箭步。

2. 左手拿杯向左侧方垂直平举，右手持壶，将壶杆置于肩上，壶嘴微微向上。

3. 眼睛注视左手目标杯子，右手提壶，壶杆置于肩、后颈部，持壶手手腕下压，出水。

4. 右手持壶缓慢后移，持壶上提，收水。

5. 收回左手、右侧弓箭步，保持起式动作。

开门见山

开场献茶艺，宾主想《茶经》。

二、开门见山

【操作步骤】

1. 出左脚呈交叉步。

2. 右手持壶垂直向前平举。

3. 右手平行移至右侧，手腕转向使壶嘴向前。

4. 眼睛注视目标杯子，持壶手手腕下压，出水。

5. 右手持壶，使水线呈抛物线状，缓慢后移，持壶上提，收水。

6. 收回双脚，保持起式动作。

水落千尺

山高见月小，水落白石出。

三、水落千尺

【操作步骤】

1. 出左脚呈交叉步。

2. 壶体转向，壶杆距胸前20厘米处，左手顺抓壶杆距出水口10厘米处，壶嘴朝上。

3. 保持脚呈交叉步，眼睛注视目标杯子，右手持壶举高，左手下压，出水。

4. 水线拉长，逐步放缓，水线呈抛物线状，提壶收水。

5. 收回左脚交叉步，保持起式动作。

蜻蜓点水

小荷尖尖角，蜻蜓上下飞。

四、蜻蜓点水

【操作步骤】

1. 出左脚呈左交叉步，右手持壶垂直向前平举。

2. 右手持壶平行左移，将壶置于左肩上，壶嘴向前，壶口朝上。

3. 左手托住壶底部，眼睛注视目标杯子，持壶手手腕下压，出水。

4. 将水线拉长，速度减缓，水线呈抛物线状，提壶收水。

5. 收回左脚交叉步，保持起式动作。

仙人指路

行到水穷处，峰回又一村。

五、仙人指路

【操作步骤】

1. 出左脚向前半步，壶体转向胸前20厘米处，左手反抓壶杆距出水口10厘米处，壶嘴朝上，右手反扣壶把。

2. 随即右手持壶向后翻转180°，壶杆从右臂腋下穿出。

3. 右脚向前呈弓箭步，左手托住壶杆距出水口10厘米处。

4. 眼睛注视目标杯子，右手持壶，左手下压，出水。

5. 将水线拉长，速度减缓，水线呈抛物线状，提壶收水。

6. 收回弓箭步，保持起式动作。

备注：该动作存在一定危险性，练习时请量力而行。

借花献佛

怀抱二月花，弥勒开口笑。

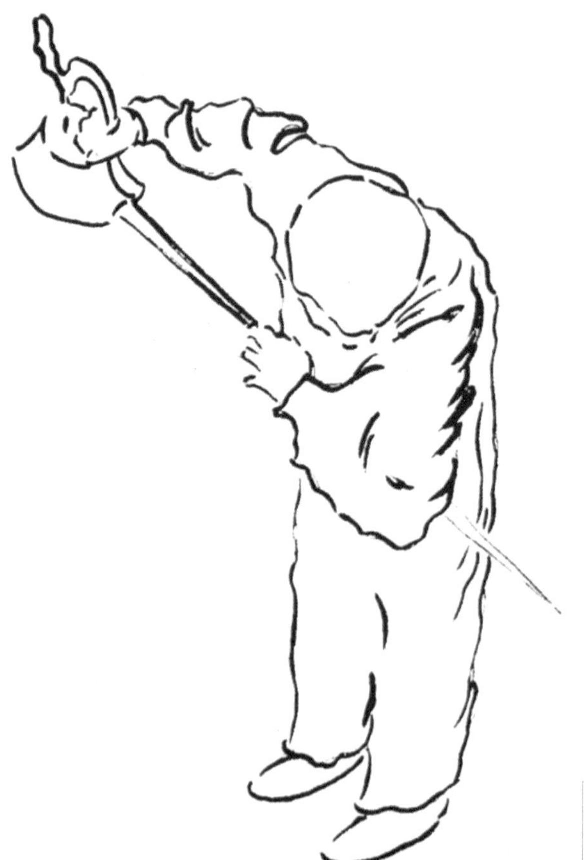

六、借花献佛

【操作步骤】

1. 双脚并拢，抬左手曲臂于胸前，壶杆置于左手肘关节内侧，手掌伸直，环抱壶杆。

2. 上体前倾 45° 。

3. 眼睛注视目标杯子，持壶手手腕下压，出水。

4. 将水线拉长，速度减缓，水线呈抛物线状，提壶收水。

5. 收回弓箭步，保持起式动作。

金鸡独立

一唱天下白，闻鸡随起舞。

七、金鸡独立

【操作步骤】

1. 提左脚，大腿与地面平行，绷脚尖向下垂直。

2. 右手持壶，将壶杆中部置于左腿上。

3. 眼睛注视目标杯子，持壶手手腕下压，出水。

4. 将水线拉长，速度减缓，水线呈抛物线状，提壶收水。

5. 收回左脚，保持起式动作。

怀中抱月

舒臂揽明月，低头思茶圣。

八、怀中抱月

【操作步骤】

1. 出左脚向前呈弓箭步。

2. 右手持壶，将壶嘴从左臂下方穿过，壶杆放至左手腋下。

3. 左手手掌伸直，置于右手握壶外侧，壶嘴朝上。

4. 眼睛注视目标杯子，持壶手手腕下压，出水。

5. 将水线拉长，速度减缓，水线呈抛物线状，提壶收水。

6. 收回左脚，保持起式动作。

童子拜佛

茶中有禅趣，一拜见梵静。

九、童子拜佛

【操作步骤】

1. 左脚向前跨半步。

2. 左手握住壶杆，右手从外侧抓住壶把，右手提壶置于头顶，左手托住壶杆距杆底 20 厘米处。

3. 眼睛注视目标杯子，右手持壶，左手下压，出水。

4. 将水线拉长，速度减缓，水线呈抛物线状，提壶收水。

5. 收回左脚，保持起式动作。

备注：该动作存在一定危险性，练习时请量力而行。

顺水推舟

独解兰舟人，野渡送黄昏。

十、顺水推舟

【操作步骤】

1. 出左脚向前呈弓箭步，伸出左手于胸前顺抓壶杆距出水口 10 厘米处，右手反扣握住壶把。

2. 右手顺时针转动壶身 360°，将壶杆中部顺势放于右肩上。

3. 眼睛注视目标杯子，右手持壶，左手下压，出水。

4. 将水线拉长，速度减缓，水线呈抛物线状。

5. 右手逆时针转动壶身 360°，收水。

6. 收回左脚，保持起式动作。

备注：该动作存在一定危险性，练习时请量力而行。

金龙翻身

头上云从龙，普天降甘霖。

十一、金龙翻身（龙头壶）

【操作步骤】

1. 左脚向前跨半步，左手反抓壶杆距出水口10厘米处，右手至壶把尾部（龙壶把），顺时针转动1080°（三圈）。

2. 右手持住壶尾向后侧方移动。

3. 眼睛注视目标杯子，右手持壶，左手下压，出水。

4. 将水线拉长，速度减缓，水线呈抛物线状，提壶收水。

5. 收回左脚，保持起式动作。

备注：该动作存在一定危险性，练习时请量力而行。

犀牛望月

信步月下逢，顾盼晓梦回。

十二、犀牛望月

【操作步骤】

1. 出右脚呈右弓箭步。

2. 右手持壶将壶杆中部放于右肩，左手托住壶底部。

3. 杯子位于背后，头部从右边转动。

4. 眼睛注视目标杯子，持壶手手腕下压，出水。

5. 将水线拉长，速度减缓，水线呈抛物线状，提壶收水。

6. 收回右脚，保持起式动作。

肩担道义

乾坤一肩担，上善莫如水。

十三、肩担道义

【操作步骤】

1. 左脚向前跨半步，左手握住壶杆，右手从外侧抓住壶把，右手提壶置于右肩上，壶嘴朝前向上。

2. 左手收回放于后腰，眼睛注视目标杯子，持壶手手腕下压，出水。

3. 将水线拉长，速度减缓，水线呈抛物线状，提壶收水。

4. 左手手掌朝上握住壶杆中部。

5. 收回右脚，保持起式动作。

回头一笑

健儿显身手，一笑轻白猿。

十四、回头一笑

【操作步骤】

1. 出左脚向前呈弓箭步。
2. 右手持壶将壶杆放于左腋下，左手背于后腰处，壶嘴朝上。
3. 眼睛注视目标杯子，持壶手手腕下压，出水。
4. 将水线拉长，速度减缓，水线呈抛物线状，提壶收水。
5. 收回左脚，保持起式动作。

童子贺寿

祈福万年松，四座皆寿星。

十五、童子贺寿

【操作步骤】

1. 伸出左手于胸前，顺抓壶杆距出水口 10 厘米处，右手反扣握住壶把。

2. 出左脚向前呈弓箭步，右手顺时针转动壶身 360°，将壶杆中部顺势放于头顶。

3. 眼睛注视目标杯子，右手持壶，左手下压，出水。

4. 将水线逐步拉长，速度放缓，右手直接将壶从头上翻下，收水。

5. 收回左前弓箭步，保持起式动作。

备注：该动作存在一定危险性，练习时请量力而行。

蟠龙出洞

出山蛟龙舞，在山泉水清。

十六、蟠龙出洞

【操作步骤】

1. 右手持壶向前垂直平举，壶嘴靠于右肩。

2. 转动壶身，壶杆由右肩移至正前方，要求壶底与地面平行，壶嘴呈45°朝左上方。

3. 右手持壶，壶杆朝下，瞬间向上绕至右臂肩关节背部，壶嘴向上，出左脚呈左交叉步。

4. 右手持壶，壶杆靠在后腰向左倾斜，左手盘住壶杆，小手指勾住壶杆。

5. 眼睛注视目标杯子，右手持壶，左手下压，出水。

6. 将水线拉长，速度减缓，水线呈抛物线状，提壶收水。

7. 收回交叉步，壶杆靠在右臂肩关节背部，壶杆向上。

8. 右手持壶，壶杆朝下，壶杆瞬间绕回身前，保持起式动作。

苏秦背剑

仗剑走天涯，壮士十年归。

十七、苏秦背剑

【操作步骤】

1. 伸出左手于胸前顺抓壶杆距出水口10厘米处，右手反扣握住壶把。

2. 出左脚向前呈弓箭步，右手提壶逆时针方向从体侧经体前呈弧形绕至后颈处，壶嘴向上。

3. 眼睛注视目标杯子，右手持壶，左手下压，出水。

4. 将水线拉长，速度减缓，水线呈抛物线状，提壶收水。

5. 双手提壶，越过头顶，放于胸前10厘米处。

6. 收回左脚，保持起式动作。

百步穿杨

燕子钻天去，一箭有神机。

十八、百步穿杨

【操作步骤】

1. 伸出左手于胸前顺抓壶杆距出水口10厘米处，右手反扣握住壶把，壶杆微微朝上。

2. 右手朝上抛出，让壶在空中旋转360°，右手成剑指从壶把内侧钻出。

3. 右手伸直，左手下压，左手手指与壶嘴方向对应。

4. 眼睛注视目标杯子，左手顺抓壶杆下压，出水。

5. 将水线拉长，速度减缓，水线呈抛物线状，提壶收水。

6. 收回左脚，保持起式动作。

雪山飞狐

大漠隐奇侠，雪山待故交。

十九、雪山飞狐

【操作步骤】

1. 右手持壶向前垂直平举，壶嘴靠于右肩。

2. 转动壶身，壶杆由右肩移至正前方，要求壶底与地面平行，壶嘴呈45°朝左上方，壶剖面与身体平行。

3. 右手持壶，壶杆朝下，瞬间向上绕至右臂肩关节背部。壶嘴垂直地面向上。

4. 出左脚呈弓箭步，右手握壶使壶杆靠于后背，向左倾斜，左手放于后腰处。

5. 眼睛注视目标杯子，持壶手手腕下压，出水。

6. 将水线拉长，速度减缓，水线呈抛物线状，提壶收水。

7. 收回左脚，右手持壶，壶杆由下瞬间绕回身前，保持起式动作。

单臂出招

只身走天下，三尺龙泉剑。

二十、单臂出招

【操作步骤】

1. 出左脚向前呈弓箭步。

2. 右手持壶，将壶杆从体前移至左肩，壶杆中部放于左肩。

3. 眼睛注视目标杯子，持壶手手腕下压，出水。

4. 将水线拉长，速度减缓，水线呈抛物线状，提壶收水。

5. 收回左脚，保持起式动作。

灵蛇钻洞

怀抱荆山玉，寻觅灵蛇珠。

二十一、灵蛇钻洞

【操作步骤】

1. 提左脚，大腿与地面平行，绷脚尖向下垂直。

2. 右手持壶，将壶杆中部放于左腿膝关节内侧。

3. 眼睛注视目标杯子，持壶手手腕下压，出水。

4. 将水线拉长，速度减缓，水线呈抛物线状，提壶收水。

5. 收回左脚，保持起式动作。

泰山压顶

五岳朝至尊，钟灵毓秀地。

二十二、泰山压顶

【操作步骤】

1. 出左脚向前呈弓箭步。

2. 右手持壶，将壶杆中部放于头顶。

3. 眼睛注视目标杯子，持壶手手腕下压，出水。

4. 将水线拉长，速度减缓，水线呈抛物线状，提壶收水。

5. 收回左脚，保持起式动作。

卧虎藏龙

川茶正飘雪，清气满人间。

二十三、卧虎藏龙

【操作步骤】

1. 左手手掌朝下，抓住壶杆距出水口 10 厘米处，右手反扣握住壶把。

2. 出左脚向前呈弓箭步，右手顺时针转动壶身 360°，顺势将壶杆中部处移至右肘关节上。

3. 眼睛注视目标杯子，右手提壶，左手下压，出水。

4. 将水线拉长，速度减缓，水线呈抛物线状。

5. 右手逆时针转动壶身 360°，收水。

6. 收回左脚，保持起式动作。

飞龙在天

玉龙三百万，瑞雪兆新熟。

二十四、飞龙在天

【操作步骤】

1. 出左脚向前半步，左手抓住壶杆距杆尾 20 厘米处。

2. 右手持壶顺时针旋转至脑后，位于左肩后背处。

3. 眼睛注视目标杯子，右手持壶，左手下压，出水。

4. 将水线拉长，速度减缓，水线呈抛物线状。

5. 左手抓住壶杆不动，右手将壶由逆时针翻下，收水。

6. 收回左脚，保持起式动作。

海底捞月

海上升明月，双手掬清辉。

二十五、海底捞月

【操作步骤】

1. 出右脚向右跨一步，双手持壶，置于身前，双脚下蹲呈马步。

2. 身体后仰（下腰），眼睛注视目标杯子，壶杆与身体平行，提壶出水。

3. 将水线拉长，速度减缓，水线呈抛物线状。

4. 双手持壶向上提壶，收水。

5. 收回右脚，保持起式动作。

备注：该动作存在一定危险性，练习时请量力而行。

贵妃醉酒

清风明月处，美人已微醺。

二十六、贵妃醉酒

【操作步骤】

1. 出左脚向左跨一步。

2. 眼睛注视目标杯子，醉态三步，左手握杯向左侧伸直，身体后仰。

3. 右手持壶，壶杆横于胸前，对准左手目标杯子，出水。

4. 将水线拉长，速度减缓，水线呈抛物线状，右手提壶，收水。

5. 收回左脚，保持起式动作。

胡璇琵琶

步随胡璇舞，扶琴如诗句。

二十七、胡旋琵琶

【操作步骤】

1. 出右脚呈右交叉步。

2. 右手持壶，弯曲手肘将壶移至左手边，左手托住壶底。

3. 眼睛注视目标杯子，左手上抬，出水。

4. 将水线拉长，速度减缓，水线呈抛物线状，提壶收水。

5. 收回右脚，保持起式动作。

左右开弓

人面何处去，春秋在一壶。

二十八、左右开弓

【操作步骤】

1. 左手持壶，垂直向前平举。

2. 左手平行移至左侧，转向使壶嘴向前。

3. 眼睛注视目标杯子，持壶手手腕下压，出水。

4. 左手持壶缓慢后移，使水线呈抛物线状，持壶上提，收水。

5. 收回双脚前后分开站立，或呈丁字步，保持起式动作。

大展宏图

巴蜀茶艺兴，誉满地球村。

二十九、大展宏图

【操作步骤】

1. 出左脚呈左交叉步，右手持壶向右侧平举，壶杆中间段放于双肩。

2. 左手握杯，向左侧平举，眼睛注视目标杯子，持壶手手腕下压，出水。

3. 将水线拉长，速度减缓，水线呈抛物线状，提壶收水。

4. 收回左脚，保持起式动作。

腰缠万贯

黄金有市价，缘分不可求。

三十、腰缠万贯

【操作步骤】

1. 左手握杯，右手持壶向前伸直平举，壶嘴靠于右肩。

2. 右手持壶与地面平行移动至右侧平举。

3. 右手持壶，壶杆朝下，瞬间绕到右肩背部，壶杆垂直向上。

4. 出左脚呈左交叉步，右手向右侧提起，壶杆靠于腰部，左手绕过壶杆。

5. 眼睛注视目标杯子，持壶手手腕下压，出水。

6. 将水线拉长，速度减缓，水线呈抛物线状，提壶收水。

7. 收回交叉步，壶杆靠在右肩关节背部，壶杆向上。

8. 右手持壶，壶杆朝下，壶杆瞬间绕回身前，保持起式动作。

猛龙过江

娇夭过江龙，少年正青春。

三十一、猛龙过江

【操作步骤】

1. 出左脚呈左弓箭步。

2. 右手持壶，将壶杆中部放于右肩上，头部转向左侧（与弓箭步方向一致）。

3. 眼睛注视目标杯子，持壶手手腕下压，出水。

4. 将水线拉长，速度减缓，水线呈抛物线状，提壶收水。

5. 收回左脚，保持起式动作。

一见钟情

海枯又石烂，刹那是永恒。

三十二、一见钟情

【操作步骤】

1. 右手持壶向前垂直平举，壶嘴靠于右肩。

2. 转动壶身，壶杆由右肩移至正前方，要求壶底与地面平行，壶嘴呈45°朝左上方。

3. 右手持壶，壶杆朝下，瞬间向上绕至右肩关节背部，壶嘴向上。

4. 出左脚向前呈左前弓箭步，右手持壶，壶杆靠在后腰处向左倾斜，左手肘关节内侧护住壶杆，手掌放于胸前。

5. 眼睛注视目标杯子，持壶手手腕下压，出水。

6. 将水线拉长，速度减缓，水线呈抛物线状，提壶收水。

7. 收回交叉步，壶杆靠在右肩关节背部，壶杆向上。

8. 右手持壶，壶杆朝下，壶杆瞬间绕回身前，保持起式动作。

孔雀开屏

世珍白孔雀，良宵唱金缕。

三十三、孔雀开屏

【操作步骤】

1. 出左脚向前呈弓箭步。

2. 右手持壶向前伸直平举，壶嘴靠于右肩。

3. 右手持壶与地面平行移动至右侧后方，壶杆距杆尾20厘米处靠于右手肘，壶杆中部靠于右肩后背部。

4. 眼睛注视目标杯子，持壶手手腕下压，出水。

5. 将水线拉长，速度减缓，水线呈抛物线状，提壶收水。

6. 收回左脚，保持起式动作。

负荆请罪

四海皆兄弟，相逢泯恩仇。

三十四、负荆请罪

【操作步骤】

1. 右手持壶向前垂直平举，壶嘴靠于右肩。

2. 转动壶身，壶杆由右肩移至正前方，要求壶底与地面平行，壶嘴呈45°朝左上方。

3. 右手持壶，壶杆朝下，瞬间向上绕至右肩关节背部，壶嘴向上。

4. 右手反扣壶把，出左脚向前呈弓箭步，身体前倾。

5. 眼睛注视目标杯子，持壶手手腕下压，出水。

6. 将水线拉长，速度减缓，水线呈抛物线状，提壶收水。

7. 收回弓箭步，壶杆靠在右肩关节背部，壶杆向上。

8. 右手持壶，壶杆朝下，壶杆瞬间绕回身前，保持起式动作。

一帆风顺

岂惧万箭发，风正一帆悬。

三十五、一帆风顺

【操作步骤】

1. 右手持壶向前伸直平举，壶嘴靠于右肩。

2. 转动壶身，壶杆由右肩移至正前方，要求壶底与地面平行，壶嘴呈 45° 朝左上方，壶剖面与身体平行。

3. 右手持壶，壶杆朝下，瞬间向上绕至右肩关节背部。壶嘴垂直地面向上。

4. 出左脚向前呈弓箭步。

5. 右手持壶，壶杆靠在后腰处向左倾斜，左手食指贴在壶嘴内侧 10 厘米处。

6. 眼睛注视目标杯子，右手提壶，左手下压，出水。

7. 将水线拉长，速度减缓，水线呈抛物线状，提壶收水。

8. 收回弓箭步，壶杆靠在右肩关节背部，壶杆向上。

9. 右手持壶，壶杆朝下，壶杆瞬间绕回身前，保持起式动作。

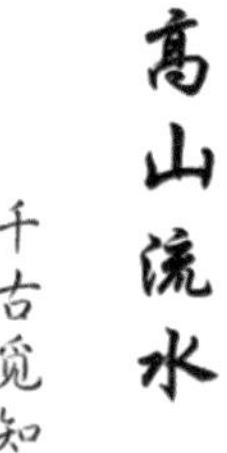
高山流水
千古觅知音，伯牙悔碎琴。

三十六、高山流水

【操作步骤】

1. 左手握杯，出左脚呈交叉步。

2. 壶杆中部置于双肩。

3. 眼睛注视目标杯子，持壶手手腕下压，出水。

4. 将水线拉长，速度减缓，水线呈抛物线状，提壶收水。

5. 收回左脚，保持起式动作。

第二节
启蒙 12 式

1. 开门见山　2. 怀中抱月
3. 回头一笑　4. 肩担道义
5. 蜻蜓点水　6. 单臂出招
7. 借花献佛　8. 大展宏图
9. 金鸡独立　10. 水落千尺
11. 顺水推舟　12. 高山流水

【1. 开门见山】

【2. 怀中抱月】

【3. 回头一笑】

【4. 肩担道义】

【5. 蜻蜓点水】

【6. 单臂出招】

【7. 借花献佛】

【8. 大展宏图】

【9. 金鸡独立】

【10. 水落千尺】

【11. 顺水推舟】

【12. 高山流水】

第三节
固基 18 式

（启蒙 12 式加 6 式）

13. 仙人指路　14. 胡旋琵琶

15. 武松打虎　16. 海底捞月

17. 泰山压顶　18. 童子贺寿

【13. 仙人指路】

【14. 胡璇琵琶】

【15. 武松打虎】

【16. 海底捞月】

【17. 泰山压顶】

【18. 童子贺寿】

第四节
造诣36式

（固基18式加18式）

19. 苏秦背剑　20. 左右开弓
21. 飞龙在天　22. 一帆风顺
23. 负荆请罪　24. 一见钟情
25. 腰缠万贯　26. 雪山飞狐
27. 灵蛇钻洞　28. 孔雀开屏
29. 百步穿杨　30. 金龙翻身
31. 童子拜佛　32. 猛龙过江
33. 贵妃醉酒　34. 卧虎藏龙
35. 犀牛望月　36. 蟠龙出洞

【20.左右开弓】

【19.苏秦背剑】

【21.飞龙在天】

【23. 负荆请罪】

【22. 一帆风顺】

【24. 一见钟情】

【26. 雪山飞狐】

【25. 腰缠万贯】

【27. 灵蛇钻洞】

【29. 百步穿杨】

【28. 孔雀开屏】

【30. 金龙翻身】

【32. 猛龙过江】

【31. 童子拜佛】

【33. 贵妃醉酒】

【35. 犀牛望月】

【34. 卧虎藏龙】

【36. 蟠龙出洞】

第四章

长嘴壶茶艺健身七部曲

第一节
头颈部健身

经典招式：

童子拜佛、泰山压顶、高山流水、犀牛望月。

健身益处（以童子拜佛为例）：

两手将铜壶上托，拔伸腰背，提拉胸腹。在掺茶时对头颈部、后支撑腿、膝关节和髋关节都有极好的锻炼效果。

第二节
胸部健身

经典招式：

贵妃醉酒、怀中抱月、一见钟情。

健身益处（以贵妃醉酒为例）：

此招式姿态优美，同时可消除肩背部的酸痛不适。对于长期伏案工作、压力较大的白领人士尤为适宜。在掺茶时，短时间保持此姿势对下肢力量、腰部、颈部及肩关节有极好的锻炼效果。

第三节
肩部健身

经典招式：

猛龙过江、大展宏图、负荆请罪、蜻蜓点水。

健身益处（以猛龙过江为例）：

该式以弓步为基础，要求眼神专注，右手臂充分后伸。长期静坐、卧床少动者，练习该式尤为适宜。在掺茶时，短时间保持此姿势对下肢力量及肩关节有较好的锻炼作用。

第四节
背部健身

经典招式：

雪山飞狐、腰缠万贯、孔雀开屏。

健身益处（以雪山飞狐为例）：

该式要点为转头扭臂，同时挺胸。对踝关节、髋关节、肩关节及颈部有较好的锻炼作用。

第五节 腰部健身

经典招式：

海底捞月、贵妃醉酒、回头一笑。

健身益处（以海底捞月为例）：

此招式对身体的柔韧性、下肢力量、腰腹力量、臂力及血液循环有益处。该招式难度较大，练习时请依自身情况量力而行。

第六节 腿部健身

经典招式：

金鸡独立、灵蛇钻洞。

健身益处（以金鸡独立为例）：

该招式可锻炼平衡感，同时对腿部肌肉、韧带及踝关节和膝关节有较好的锻炼意义。

第七节
手肘部健身

经典招式：

胡璇琵琶、卧虎藏龙、借花献佛。

健身益处（以胡璇琵琶为例）：

在长嘴壶茶艺中，任何动作都涉及上肢，对上肢的力量、柔韧等有一定要求，故掺茶对肘关节、腕关节、手指关节及相关肌肉有较好的锻炼。

第五章

长嘴壶茶艺的传承与创新

第一节
音乐推荐

长嘴壶茶艺是在实用性与艺术性相结合的情况下应运而生的，在一定的韵律感下，兼具武术及艺术表演的特点，便于更好地表现长嘴壶茶艺。因此，在练习长嘴壶茶艺和进行表演时，需以相应的音乐相匹配。一般来讲，长嘴壶茶艺的音乐，可以从具有中国特色的传统音乐和现代音乐之间选择，既可以单纯地从曲风方面做选择，也可根据长嘴壶茶艺现场表演的特点来选择。

一、中国特色音乐

1. 中国古代音乐

中国古代乐器主要有古琴、古筝、埙、缶、筑、排箫、箜篌、瑟等。在音乐的表现形式上，中国音乐注重音乐的横向进行，即旋律的表现性。中国古代音乐在艺术风格上讲究旋律的韵味处理，乐曲一般缓慢悠扬，意境深远。这一类音乐适合于女士长嘴壶茶艺，或是与中国特色表演（如书画、太极等）相结合的长嘴壶茶艺表演。

2. 中国现代音乐

中国现代音乐除了某些融入古代音乐的特点外，还具有其他现代音乐的特色，如《中国功夫》《精忠报国》《男儿当自强》等。在长嘴壶表演时，运用具有中国特色的现代音乐更能将听觉和视觉充分融合，彰显文化特色。

二、音乐类型的选择

音乐的选择还直接跟音乐表现类型有关，即曲风。曲风（音乐曲风、歌曲风格、流派）是指音乐作品在整体上呈现出的，具有代表性的独特面貌。在长嘴壶茶艺表演时，音乐选配恰当能起到画龙点睛的作用。

1. 男士长嘴壶茶艺

选配音乐特点：浑厚、豪放、激扬、刚劲有力。

呈现形式：歌曲或合奏曲。

推荐曲目：《沧海一声笑》《卧虎藏龙》《中国功夫》《精忠报国》《男儿当自强》《心游太玄》等。

2. 女士长嘴壶茶艺

选配音乐特点：柔美、幻化、舒缓、柔和。

呈现形式：古筝、古琴、轻柔吟唱曲目或其他纯音乐。

推荐曲目：《高山流水》《古茶》《百鸟朝凤》《渔舟唱晚》《春江花月夜》《国色天香》等。

三、其他音乐选配方式

长嘴壶的练习和表演可不只停留在单纯的个人表演或是男女同性别组合表演上，还可以有男女搭配表演、亲子表演、各种不同主题表演等。在正式表演场合，音乐显得尤为重要，合适的音乐会对整体长嘴壶表演增色不少。

①根据表演的动作来选配。音乐的选配结合表演自身动作来选择。 如可根据动作的轻柔、舒缓、豪放、刚劲选择相应的音乐。

②根据表演的主题来选配。音乐的选择结合表演的主题或表演主题的文化背景来选择。如都江堰文化主题、蜀国文化主题、青城山文化主题、汉文化主题等，可选择相应的文化主题音乐相匹配。

③根据长嘴壶综合表演的情节表现来选配。可综合表演情节来选配或创作音乐。长嘴壶的表演可以设置情节，有内涵故事，在表演的过程中可根据

情节的进展、长嘴壶茶艺动作的虚实、层次表现等选配相应的音乐。

④创新长嘴壶茶艺。长嘴壶茶艺表演还可以跟相关的艺术表现形式相结合，如太极拳、瑜伽、中国民族舞蹈、古琴等，根据表演的内容选择相应的音乐，还可将多首相关曲目拼接以供选配。

无论是柔美的女士，还是刚劲的男士，成功的长嘴壶表演都要用节奏、节拍来组织。节奏、节拍更是音乐整体的骨架，类似于舞蹈表演。表演可从视觉和听觉两个方面感知。

音乐能渲染长嘴壶表演的基调，而长嘴壶表演能对音乐效果进行视觉上的补充，使音乐得到升华。让有形无声和有声无形匹配得当，使长嘴壶茶艺绽放更多光彩。

总之，在长嘴壶茶艺表演融合了武术、舞蹈、舞台艺术等方面的综合因素，以各种文化主题表现出来后，将会使长嘴壶茶艺表演更具有现场感染力和艺术感召力。

第二节
创新发展

一、传承与创新

①长嘴壶茶艺是一项职业技能。长嘴壶茶艺以练习为前提，待学成后，也可以作为一项职业技能，实际运用到茶馆、酒楼、其他餐饮场所中，既能为顾客服务，又可作为营业场所的亮点展示。

②普通茶艺师的辅助技能。近年来，由于国民经济的迅速增长，人们对精神文明和身体健康提出了更高的要求。茶，不仅成为传统文化传承的媒介，更是人们健康生活、愉悦身心的绝佳饮品。茶文化和茶产业的迅速发展，让行业从业人员迅速增加，整个茶产业链兴旺起来。作为普通茶艺师，可以将长嘴壶茶艺作为一项辅助技能，增加其职业的延展性。

③以长嘴壶茶艺为媒介，学习中国传统文化。通过对长嘴壶茶艺招式的学习和领悟，可接触丰富多彩的中国茶文化，了解茶叶多领域的知识。中国茶文化是我国传统文化重要的组成部分，通过对茶叶、茶文化的学习，可进一步深入了解博大精深的中国文化。响应党和国家关于“文化自信”和“文化传承”的号召，积极跟进实现中华民族伟大复兴的时代进程。

④与普通茶艺表演结合，增强视觉冲击力。普通的茶艺表演，一般情况下注重的是柔美，表演较为平淡，难以营造热烈的气氛。结合长嘴壶茶艺表演，一个柔美、一个刚劲，刚柔并济，能够提升整个舞台感染力，吸引观众的注意力。

⑤与传统戏曲、武术等结合表演。在舞台表演形式上，可跟传统戏曲、武术、舞蹈等结合表演，更能丰富整个舞台的表现力，提升观赏性。也可以

文化为背景，以舞台剧为表现形式，讲述和传递内涵丰富的文化精神。

二、发展思考

作为一项表演性技能，长嘴壶的招式一定要练得炉火纯青，出水、收水技能无可挑剔，才能长久下去；亦可作为舞蹈、戏曲等表演的辅助技能。不能会而不精，只会花拳绣腿，如此难以转化为职业技能。

作为一项职业技能，不能单纯只依靠长嘴壶的招式生存，而是应该全面学习茶艺、茶文化以及茶叶销售等知识，将茶作为职业渠道，拓展与茶相关的其他技能。

中华民族历史悠久，古之技艺，叹为观止，而随着社会的进步、科技的发展，相当多的传统技艺已逐步远离我们。这是社会的现实，也是我们的悲哀。目前，国家再次强调“匠人精神”，希望我们把传统文化的精髓继承并传承下去，积极倡导将传统技艺申请“非物质文化遗产”并加以保护。但传承无法只依靠一个人或几个人，正所谓“众人拾柴火焰高”。中华优秀传统文化的传承是全体华夏儿女的共同使命。